....
....
....
....
....
....
....
....
....
....
....
....
....
....
....
....
....
....
....
....
....
....
....
....
....
....
....
....
....
....
....
....
....
....
....
....
....
....
....
....
....
....
....
....
....
....
....
....
....
....
....
....

....
....
....
....
....
....
....
....
....
....
....
....
....
....
....
....
....
....
....
....
....
....
....
....
....
....
....
....
....
....
....
....
....
....
....
....
....

www.ingramcontent.com/pod-product-compliance
Lightning Source LLC
LaVergne TN
LVHW070308061126
851857LV00022B/2122
* 9 7 8 6 5 0 1 1 3 7 2 1 6 *